OBSERVATION

DU

PASSAGE DE MERCURE SUR LE SOLEIL

Faite à OGDEN (Utah), le 6 mai 1878

PAR

M. C. ANDRÉ

Directeur de l'Observatoire,
Professeur d'astronomie à la Faculté des sciences.

LYON
ASSOCIATION TYPOGRAPHIQUE
C. Riotor, rue de la Barre, 12

1880

OBSERVATION

DU

PASSAGE DE MERCURE SUR LE SOLEIL

Faite à Ogden (Utah), le 6 mai 1878

DISCOURS DE RÉCEPTION

A L'ACADÉMIE DES SCIENCES, BELLES-LETTRES ET ARTS DE LYON

Prononcé en séance publique le 27 juillet 1880

PAR

M. C. ANDRÉ

Directeur de l'Observatoire,
Professeur d'astronomie à la Faculté des sciences.

Les expériences que M. A. Angot et moi avions faites dans les caves de l'École normale, en vue de résoudre quelques-unes des diffficultés qu'offre l'observation, soit *photographique*, soit *directe*, d'un passage de Vénus ou de Mercure (1), laissaient prise à une objection sérieuse.

Dans la réalité, la planète, Vénus ou Mercure, est à une grande distance du disque lumineux au-devant duquel elle passe et du bord obscur au contact duquel elle paraît venir.

(1) *Comptes-rendus des séances de l'Académie des sciences*, v. LXXXIII, p. 946; vol. LXXXIV, p. 109.

Dans nos expériences, au contraire, la planète, Vénus ou Mercure, venait toucher réellement le bord obscur simulant le fond du ciel.

Les phénomènes nets et précis que l'on avait observés à l'École normale se reproduiraient-ils dans les conditions, si différentes, de la réalité?

La proximité du prochain passage de Vénus rendait désirable une prompte solution de cette difficulté. Il nous parut que le meilleur moyen d'arriver à ce résultat était l'observation du passage de Mercure du 6 mai 1878, faite spécialement en vue de contrôler les conclusions théoriques et expérimentales auxquelles nous étions arrivées.

M. Dumas, président de la Commission du passage de Vénus, voulut bien appuyer notre demande auprès du Ministère de l'Instruction publique, demande qui fut aussi accueillie favorablement par M. Ed. Millaud, alors rapporteur de la Commission du budget. D'un autre côté la Commission du passage de Vénus mettait gracieusement à notre disposition les équatoriaux qui avaient servi en 1874; il fallait seulement construire pour l'observation photographique une lunette montée équatorialement et de puissance suffisante. M. Eichens se chargea de la partie mécanique et M. Pratsmowsky du travail de l'objectif.

D'ailleurs, dans le courant du mois de février 1878, M. le Ministre voulut bien nous adjoindre, sur la demande de l'Académie, M. Ph. Hatt, qui avait été en 1874 le collaborateur de M. Bouquet de la Grye à l'île Campbell.

Dans l'intervalle, nous nous étions enquis auprès des astronomes de Washington du point du continent américain qui leur paraissait le plus favorable pour nous. L'observatoire de Washington organisait en effet une série d'expéditions destinées à la même observation ; il se livrait donc à une vaste enquête météorologique, en vue de connaître les points du territoire des

États-Unis qui, tout en étant dans de bonnes conditions astronomiques, présentaient pour le jour du passage les plus grandes chances de beau temps.

La station qui nous fut proposée et que nous adoptâmes fut Ogden, petite ville du territoire de l'Utah, sur l'un des contreforts occidentaux des Montagnes-Rocheuses, au point de raccordement des deux sections du chemin de fer qui traverse les États-Unis de l'ouest à l'est. Outre les grandes probabilités de beau temps que l'on nous annonçait, nous y trouvions l'avantage d'une main-d'œuvre commode et exercée ainsi que des facilités considérables pour le transport de nos instruments. Comme on le verra plus loin, nous devions y rencontrer d'autres ressources plus précieuses encore et sur lesquelles nous ne comptions pas.

M. Hatt et moi, chargés de l'observation directe du phénomène, disposions de deux lunettes de six pouces d'ouverture que l'Académie nous avait prêtées, et dont l'une était montée équatorialement.

M. Angot, chargé de l'observation photographique, devait l'effectuer au moyen d'un photohéliographe dont l'objectif avait quatre pouces et demi d'ouverture et qui avait été construit spécialement dans ce but.

Nous emportions en outre un petit instrument méridien du Dépôt de la Marine, des chronomètres et d'autres instruments accessoires dans le détail desquels il est inutile d'entrer.

Nous quittâmes le Havre, M. Angot et moi, le samedi 2 mars à huit heures et demie du matin (M. Hatt, étant retenu en France pour quelques jours encore, devait nous rejoindre à Ogden), à bord du paquebot la *France* (capitaine Trudelle, de la Compagnie transatlantique) pour arriver en rade de New-York dans la journée du 14.

Notre premier souci fut de nous mettre en mesure de pouvoir embarquer pour Ogden les caisses contenant nos instruments d'observation. Il s'agissait, en effet, d'obtenir l'entrée de ces caisses sur le territoire américain, sans qu'on nous forçât à les ouvrir et à en déballer le contenu pour le soumettre à la visite ordinaire des agents de la douane. Malgré tout l'empressement qu'y avait mis M. le baron de Watteville, alors Directeur des missions au Ministère de l'Instruction publique (1), les démarches diplomatiques nécessaires n'avaient pu être faites que fort peu de jours avant notre départ de France, et la décision en retour n'était point encore parvenue à New-York. Pour hâter les choses, nous décidâmes de nous séparer immédiatement.

M. Angot se chargea de voir à Washington les autorités fédérales et d'activer sur place la solution de cette importante question ; de mon côté, je restais à New-York pour y veiller aux préparatifs locaux.

Le voyage de M. Angot à Washington avait un second but, il voulait se rendre compte des méthodes que les astronomes américains se proposaient d'employer pour l'observation du même passage de Mercure.

Après le passage de Vénus de décembre 1874, les diverses méthodes photographiques d'observation avaient, en effet, été étudiées et discutées avec soin à l'observatoire de Washington, sous la direction de M. le professeur Harkness. Un séjour à Washington permettait à notre collègue de profiter de l'expérience acquise par ce savant astronome.

Reçu avec la plus grande affabilité par M. l'amiral Rodgers et les astronomes de Washington, qui voulurent bien l'aider de leurs conseils et de leurs démarches, M. Angot put atteindre

(1) Je demande à M. de Watteville la permission de le remercier ici pour le soin bienveillant avec lequel il nous a aidés à toutes les époques de cette mission.

promptement le double but de son voyage. M. l'amiral Rodgers lui offrit même de lui confier un des appareils photographiques qui avaient servi aux missions américaines pour l'observation du passage de Vénus en 1874, afin qu'il pût l'expérimenter par lui-même et comparer ensuite les résultats obtenus à ceux que lui donnerait, dans les mêmes conditions, le photohéliographe que nous avions emporté de France.

Une autre suprise non moins agréable nous était d'ailleurs réservée. Dès son arrivée à Washington, M. Angot apprenait que le corps des Ingénieurs Géographes de l'Armée américaine avait commencé, à Ogden même, l'installation d'un petit observatoire comprenant une salle méridienne et une coupole équatoriale, et auquel était attaché un sergent de l'armée qui y demeurait et y faisait pour le *Signal Service of Army* des observations météorologiques quotidiennes.

Cet observatoire était le point central de toute la triangulation de l'Utah (1), et M. le lieutenant Vheeler, qui en avait la haute direction, le mettait temporairement à notre disposition.

C'était pour nous un précieux avantage ; les difficultés de notre installation étaient ainsi considérablement diminuées ; le temps qu'il faudrait consacrer à nos préparatifs généraux réduit de près de moitié, et celui que nous pourrions donner aux études spéciales qui formaient l'objet direct de notre mission augmenté d'autant.

En même temps, les préparatifs d'embarquement de nos instruments se terminaient à New-York, la douane avait reçu l'ordre de laisser passer nos caisses d'instruments, les compagnies de chemins de fer voulaient bien nous accorder d'importantes réductions sur les frais de transport, et le samedi 23 mars nous nous dirigions vers l'Ouest par le *Pensylvania Rail Road.*

(1) *Geographical Surveys West of the 100 th. meridian.*

Nous n'étions cependant pas encore en route directe pour Ogden ; nous avions à nous arrêter à Omaha, chef-lieu militaire des Territoires situés à l'ouest du Missouri et tête de ligne de la première section du grand railway qui traverse les Montagnes-Rocheuses et va rejoindre San-Francisco.

Il nous fallait, en effet, y conférer avec M. le général Williams, commandant en chef les troupes fédérales en garnison dans l'Utah, et pour lequel M. le secrétaire d'Etat à la guerre nous avait donné une lettre d'introduction.

Nous avions à le prier de vouloir bien mettre à notre disposition quelques soldats, tant pour nous aider dans nos travaux d'installation que pour garder notre observatoire lorsqu'il serait installé. Non-seulement cette faveur nous fut immédiatement accordée ; mais, M. le général Williams voulut bien, en outre, nous offrir de donner ordre à l'intendance militaire du Territoire de nous aider dans la mesure du possible (1).

En résumé, nous avions reçu partout et chez tous le plus gracieux accueil ; notre mission s'ouvrait sous les auspices les plus favorables, et le lendemain matin nous quittions Omaha pleins d'espoir, pour arriver à Ogden dans la soirée du 1er avril.

La première journée de notre séjour fut consacrée à visiter en détail l'observatoire dont nous avait parlé M. le lieutenant Wheeler, à en étudier l'emplacement et à en discuter les ressources.

Situé à 1 kilomètre 1/2 environ à l'ouest d'Ogden, sur un plateau sablonneux élevé de 1,334 mètres (4,374 pieds) au-dessus du niveau de la mer, l'observatoire domine tout le pays environnant, à l'ouest, au sud et jusqu'au nord-est ; au nord et à l'est se dressent les sommets neigeux des monts Wahsatch

(1) Nous avons à remercier tout particulièrement M. Krueger, *Quarter Master* (Intendant), en résidence à Ogden, de l'empressement avec lequel il nous a toujours prêté son concours.

(Wahsatch Ranges), contreforts occidentaux des Montagnes-Rocheuses.

A peu de distance, au nord, passe le chemin de fer de l'*Utah Central* qui relie Ogden à la ville du Lac-Salé *(Salt Lake City)*, ville sainte des Mormons ; et, à 150 mètres à l'est, entre Ogden et l'observatoire, coule la rivière de Weber *(Weber River)* que nous étions obligés de traverser sur le pont du chemin de fer de l'Utah pour regagner la ville.

Tout autour de l'observatoire, et bien au loin du côté sud, est une plaine ondulée, garnie de sauges en broussailles *(Sage Brush)* et parsemée çà et là de petites fermes.

L'emplacement était donc très-bien choisi pour l'établissement d'un observatoire ; son seul inconvénient, d'ailleurs inhérent à la nature du sol, est une poussière intense que le moindre vent soulève et qui rend parfois difficile le maniement des instruments (1).

Quant au bâtiment même, il est construit en briques, et se compose d'un petit pavillon central supportant une coupole hémisphérique de 5 mètres de diamètre, flanqué de deux ailes latérales, l'une à l'est servant de logement et de bureau à l'observateur, l'autre à l'ouest disposée en salle méridienne.

La coupole n'était point achevée et exigeait certains travaux préliminaires avant d'être mise en état de servir aux observations. La salle méridienne, au contraire, était terminée ; elle est disposée pour recevoir deux instruments méridiens portatifs, et l'instrument même qui avait servi à M. le lieutenant Wheeler pour déterminer la position géographique d'Ogden était encore en station ; le second pilier était libre.

Nous étions donc assurés de pouvoir, dès que les caisses contenant nos instruments seraient arrivées, commencer immédiatement le réglage de nos chronomètres.

(1) Le célèbre La Caille avait rencontré autrefois le même inconvénient dans son séjour au cap de Bonne-Espérance.

Nous décidâmes que le photohéliographe serait installé sous la coupole et qu'on fermerait, avec des planches, une portion du vestibule formé par la partie centrale du pavillon, de façon à avoir une chambre noire à portée de cet instrument.

L'appareil photographique que M. l'amiral Rodgers avait prêté à M. Angot devait être installé au dehors, au sud de la salle méridienne et dans l'axe de la trappe méridienne correspondant au pilier libre dont nous avons parlé : mais, pour bien comprendre son installation, une description succincte de ce système ingénieux est nécessaire.

Un miroir d'héliostat en verre poli et qu'un mouvement d'horlogerie fait tourner uniformément autour d'un axe convenable, renvoie à chaque instant les rayons du soleil suivant l'axe optique d'un objectif achromatique à long foyer (10 m. 63). Cet axe optique est horizontal et sensiblement dans le plan du méridien.

L'image du soleil, formée par l'objectif, est reçue sur une plaque photographique verticale, coïncidant avec son plan focal et placée dans une chambre noire spéciale. D'ailleurs un fil à plomb placé en avant de la plaque trace une ligne droite verticale sur l'image solaire, de sorte que si l'on a déterminé l'angle que fait avec le plan du méridien le plan qui passe par le fil à plomb et le centre optique de l'objectif, on a les données nécessaires à l'orientation de l'image photographique. La mesure de cet angle se fait de la façon la plus commode, en plaçant l'objectif de manière que son axe optique soit le prolongement de celui de la lunette méridienne de l'observatoire, supposée horizontale, et en pointant sur le fil à plomb avec le micromètre de cette lunette au travers de l'objectif photographique.

Entre l'objectif et la chambre noire, un petit toit en bois recouvre le trajet des rayons réfléchis et sert pour ainsi dire de tube à cette immense lunette.

On mesure d'ailleurs avec une règle appropriée la distance qui sépare l'objectif du support de la plaque photographique, c'est-à-dire la distance focale de l'objectif; on a ainsi directement la valeur angulaire d'une longueur quelconque, prise sur la plaque photographique.

Quant aux équatoriaux destinés à l'observation directe, on décida de les installer au S.-O. de l'observatoire, à peu de distance l'un de l'autre. Chacun d'eux devait avoir pour abri une cabane rectangulaire en planches, dont le plancher serait élevé de o^{m} 80 au-dessus du sol et le toit une simple toile à voiles, clouée sur la face sud de la cabane et fixée à l'autre extrémité à une traverse en bois, à l'aide de laquelle on la ramènerait de façon à couvrir la cabane, en passant au-dessus de la lunette placée horizontalement.

Le lendemain 3, nous allâmes au camp Douglas, centre de la garnison de l'Utah, nous entendre avec l'autorité militaire locale au sujet des soldats dont nous avons déjà parlé.

Le camp de Douglas est situé à 8 kilomètres de Salt Lake City, au sommet d'un plateau, qui domine la ville capitale de l'Utah. Là, rien de comparable à un de nos camps militaires français; quatre cents hommes d'infanterie et quelques vieilles pièces de canon en forment toute la garnison. Mais l'installation matérielle des hommes est infiniment plus confortable; chaque officier a sa petite maison, entourée d'un jardin, et les chambres communes des soldats sont d'une propreté qui touche à l'élégance. Le but de notre visite fut bientôt atteint, et nous consacrâmes l'après-midi à visiter la ville sainte des Mormons, celle qu'ils appellent la *Sion des Temps modernes*.

Après la traversée du grand désert américain (*Great American desert*) qui sépare Ogden de Omaha, cette ville de 40,000 habitants fait l'effet d'une véritable oasis créée par la civilisation;

le caractère du peuple mormon lui a d'ailleurs imprimé un cachet tout spécial : Ses rues toutes plantées d'arbres, et longées par de petits ruisseaux dans lesquels coule continuellement l'eau qui descend de la montagne, donnent à toute la ville l'aspect d'un immense jardin au milieu duquel les maisons de banque et de commerce paraissent, au premier abord, n'être que des accessoires et au-dessus desquelles se détache l'immense toit ellipsoïdal du *Tabernacle* (Temple des Mormons) construit par le vénérable Brigham Young.

Le soir, le chemin de fer de l'Utah central nous ramenait à Ogden.

Le reste de la semaine fut consacré à la détermination exacte des emplacements de nos différents pavillons et aux commandes et ordres divers que leur construction nécessitait.

Le dimanche 7, notre collègue M. Hatt nous rejoignait ; deux jours après, les caisses qui contenaient nos instruments arrivaient également ; le 12, nous recevions l'appareil photographique de Washington, et le 16, les caisses contenant l'équatorial de M. Hatt. D'un autre côté, le 12, les soldats que nous avait promis le colonel commandant le camp Douglas débarquaient à Ogden.

Pendant cet intervalle, on avait mis en place la petite lunette méridienne du Dépôt de la Marine et l'on avait commencé l'étude des chronomètres, poursuivi l'installation des équatoriaux, celle de l'appareil photographique américain et enfin la mise en place du photohéliographe.

Cette dernière opération surtout présenta d'assez grandes difficultés. Comme je l'ai dit en commençant, le dôme qui devait l'abriter n'était point achevé ; il avait été d'ailleurs construit à Ogden même et à fort peu de frais ; de telle sorte que certaines parties et même des organes essentiels avaient dû être négligés. De plus, la hauteur où commençait l'ouverture de ses trappes d'observation était un peu forte pour notre photohéliographe, quoique, en raison même de la construction dissymétrique du tube de cet appareil, on fût obligé de le mettre excentriquement par rapport au dôme. Or, il était monté sur un pied complètement en fonte, et le maniement d'une masse aussi lourde, dans un espace aussi restreint et à l'aide d'un outillage tout à fait rudimentaire, était long et difficile.

Le temps d'ailleurs était loin de nous favoriser ; il commença à devenir mauvais le mercredi 10 avril ; le 11 et le 12, le vent prit de la force ; et, sous un ciel gros de nuages, nous fûmes envahis par un véritable ouragan de poussière qui s'opposait à tout travail extérieur.

Le 13, le vent faiblit et de la neige commença à tomber, faiblement d'abord, mais bientôt très-abondemment ; les 14, 15 et 16 nous fûmes au milieu de la neige, de la grêle et finalement de la pluie.

Quoique nous ayons craint souvent pour nos faibles constructions extérieures, non encore achevées, les dommages qu'elles en éprouvèrent se réduisirent en définitive à peu de chose, et le 19 tout était réparé et les cabanes terminées.

Malheureusement, le 20, un nouvel ouragan de poussière recommença ; redoutant la succession des mêmes phénomènes météorologiques, nous fîmes clouer latéralement les toiles qui servaient de toits à nos pavillons. Le soir, en effet, la neige se mit à tomber ; elle continua toute la journée du lendemain 21 et ne cessa le soir que pour être remplacée par une pluie violente qui dura toute la nuit, ainsi que la matinée du lundi 22.

Décidément les instructions météorologiques qui nous avaient été envoyées en France par M. le professeur Newcomb et les renseignements que nous avait donnés le *Signal Service* étaient fort incomplets.

L'expérience des habitants du pays concluait d'ailleurs bien différemment ; d'après eux, et les faits leur donnaient raison jusque-là, l'époque où nous nous trouvions était, pour la contrée, une saison de pluies et de neiges.

Cependant, le 23, le temps redevint généralement beau, il en fut de même le 24 et le 25 ; nous en profitâmes pour terminer les installations des équatoriaux et continuer celle de l'appareil photographique de Washington. Mais le 26, nos travaux furent interrompus par une pluie battante qui dura tout le jour et la nuit et ne cessa que dans la journée du 27 avril.

On installa alors à 1 kilomètre environ de l'observatoire un appareil à passages artificiels que l'on devait observer avec l'un des équatoriaux.

Le lendemain dimanche, 28, les visiteurs arrivèrent en foule à l'observatoire. Le repos du dimanche est, en effet, plus sacré encore aux yeux des Mormons qu'à ceux des protestants anglais et américains. Notre installation était à peu près terminée, et il n'y avait qu'avantage pour nous à satisfaire la curiosité publique.

D'ailleurs, tous ne furent point poussés par ce seul sentiment. Un d'eux, Français, habitant le pays depuis de longues années, avait fait tout exprès les 14 lieues qui nous séparaient de son petit domaine, pour venir saluer le pavillon national qu'il n'avait pas vu depuis 23 ans.

Mais à la joie que nous avait causée la visite de notre compatriote, devait succéder une grande tristesse. Au commencement de la nuit, alors que M. Hatt et moi étions occupés à déterminer les différentes constantes des instruments qui devaient nous servir, et que M. Angot réduisait ses observations de la journée dans la pièce qui servait de bureau commun et de logement au sergent observateur du *Signal Service*, celui-ci y entra brusquement pour se brûler la cervelle et tomber foudroyé aux pieds de M. Angot.

Quelle était la cause de ce suicide ? rien ne put nous l'apprendre. L'enquête judiciaire faite à ce sujet par M. le Coroner d'Ogden resta infructueuse ; aussi cet affreux événement fit-il sur nous tous une impression profonde.

Après avoir rendu les derniers devoirs à cet auxiliaire qui nous avait prêté un réel concours depuis notre arrivée, nous reprîmes le cours de nos travaux.

Le temps d'ailleurs se maintenait au beau presque constamment et nous laissait toute latitude pour mettre la dernière main à notre installation. Nous avions, en outre, à recevoir les personnes influentes du pays qui profitaient des derniers jours pour visiter l'observatoire.

Le 1er mai, c'est M. le maire *(Mayor)* d'Ogden et son adjoint ; le 2, c'est M. le gouverneur de l'Utah, l'administrateur délégué par le pouvoir central pour la direction des affaires civiles du territoire occupé par les Mormons ; le 3, nous reçûmes la visite de l'Évêque mormon M. Scharp et de sa famille, ainsi que du personnel de l'administration centrale de l'Utah Central Rail Road. Les dignitaires ecclésiastiques mormons ne sont point en effet confinés dans leurs attributions religieuses ; ils sont, au contraire, entièrement mêlés à la vie civile, et sauf la place qu'ils occupent au tabernacle pendant les offices et le nombre plus grand de femmes que leur dignité leur permet d'épouser, rien ne les distingue dans la vie ordinaire de leurs concitoyens. Ainsi M. l'Évêque Scharp était alors directeur *(superintendant)* du chemin de fer de l'Utah Central ; il nous avait fait demander par dépêche, dans l'après-midi, de venir le soir non-seulement visiter l'observatoire mais observer les astres avec nos instruments. A huit heures et demie, en effet, un train spécial s'arrêtait au pied de la colline sur laquelle était l'observatoire, et nos visiteurs en descendaient au nombre de cinquante environ, parmi lesquels les trois Femmes de M. l'évêque Scharp et leurs enfants. Nous fîmes de notre mieux pour rendre leur visite aussi agréable et instructive que possible ; notre tâche était d'ailleurs singulièrement facilitée par la curiosité intelligente avec laquelle tous se précipitaient, pour ainsi dire, au-devant des choses qu'on leur faisait apercevoir pour la première fois dans le ciel.

Le lendemain 5, une autre surprise nous attendait : vers trois heures de l'après-midi les accents d'une fanfare toute voisine nous firent sortir de nos salles d'observation; c'était l'*Harmonie philosophique* d'Ogden qui venait nous souhaiter bonne chance pour le lendemain. Trois ou quatre cents habitants de la ville s'étaient joints à cette manifestation toute spontanée et bien inattendue.

Malheureusement le temps ne paraissait point se disposer comme ces braves Mormons nous le souhaitaient. Depuis le matin le temps s'était peu à peu couvert ; le baromètre baissait rapidement et le vent fraîchissait beaucoup : vers quatre heures le vent commença à souffler en tempête, soulevant d'énormes tourbillons de poussière et de sable. Il nous était trop facile de reconnaître les symptômes avant-coureurs d'une tempête de sable et de neige ; il semblait nous rester cette seule chance que l'accalmie, qui servait pour ainsi dire de transition entre ces deux phénomènes, se produisît pendant la durée du passage de Mercure sur le Soleil.

A cinq heures on fit clouer les toiles qui servaient de toits aux cabanes équatoriales et enlever le mouvement d'horlogerie de l'appareil de Washington. Dans la soirée le vent redoubla d'intensité ; il soufflait par moment avec une véritable furie ; le sable était emporté épais, aveuglant : ouvrir les trappes méridiennes nord et sud était chose impossible et pour réussir à observer quelques étoiles on dut se borner à tirer seulement la petite portion de trappe supérieure placée dans la direction du rayon visuel allant à l'étoile.

A neuf heures, il fallut même renoncer à ouvrir quoi que ce soit de la salle méridienne; les toiles de nos cabanes équatoriales faiblissaient. On dut clouer par-dessus elles des traverses en planche. Le ciel, qui depuis sept heures était clair, se recouvre, le vent augmente encore de violence; pendant une demi-heure ce fut un ouragan de sable tel que nous n'en avions point encore vu depuis notre arrivée et sous les efforts duquel tout paraissait devoir être emporté.

Cependant vers minuit le baromètre qui avait baissé de vingt millimètres depuis la veille à la même heure remontait un peu; le vent fléchissait, et quoique le ciel fût encore entièrement couvert, tout espoir n'était peut-être point perdu.

Le lundi 6, à quatre heures du matin, un peu de neige couvrait le sol, le vent était presque tombé et le ciel d'une grande pureté; nous pensions que ce calme durerait. Il n'en était rien.

Vers six heures trente minutes les nuages envahirent de nouveau le ciel; à sept heures vingt-cinq la neige commença à tomber par petits flocons espacés, et s'il nous fut possible d'apercevoir un instant Mercure aux environs du premier contact interne, ce fut uniquement pour constater que cette planète était déjà tout entière sur le disque du Soleil depuis quelques minutes. D'ailleurs les flocons de neige tombaient peu à peu plus larges et plus serrés, le vent redevenait violent et nous étions encore au milieu d'un ouragan, non plus de sable, comme la veille, mais de neige; et, comme la veille, nous fûmes obligés de clouer les toits de nos cabanes.

Ce temps affreux persista sans aucun changement jusqu'à onze heures quarante-cinq minutes; une trouée se fit alors dans le ciel et M. Angot put commencer à prendre des photographies.

A partir de ce moment le temps s'améliora peu à peu, la neige cessa progressivement de tomber; les éclaircies devinrent de plus en plus fréquentes et durables. Mais jamais, pendant toute la durée du passage, nous n'eûmes un ciel même à moitié dégagé.

Vers deux heures quarante-cinq minutes une grande éclaircie commença à se diriger vers le Soleil ; et, comme le moment de la sortie approchait, l'espoir nous revint. Il n'a point été déçu : la portion du ciel entourant le Soleil s'est maintenue pure jusqu'au moment de la sortie, que nous avons observée dans d'excellentes conditions. Mais une minute après que la planète eut franchi le bord de cet astre, celui-ci était de nouveau entièrement caché par les nuages.

Le plan d'ensemble que nous avions adopté pour l'observation était le suivant :

1° *Observation directe.*— L'observation du premier contact interne était destinée à vérifier :

Qu'avec une lunette de six pouces d'ouverture le *ligament noir* se produit forcément aux environs du contact, si l'on donne à l'image solaire reçue par l'œil toute l'intensité lumineuse que cet organe peut supporter ;

Que les dimensions et l'intensité de ce *ligament* augmentent quand on diminue l'ouverture de la lunette ;

Qu'on peut réduire à volonté les dimensions et l'intensité de ce *ligament* en augmentant graduellement le pouvoir absorbant du verre noir employé pour l'observation.

L'observation du second contact interne devait servir à compléter les vérifications précédentes et à comparer la précision de l'observation faite à l'aide du *ligament noir* à celle faite au moyen d'un écran formé d'anneaux très-étroits, alternativement vides et pleins, que des expériences antérieures m'avaient conduit à croire excellent pour l'observation des passages de Vénus et de Mercure.

On devait en outre observer avec soin les contacts externes, et, pendant la durée du passage, examiner attentivement les surfaces du Soleil et de Mercure, et surtout les portions du disque solaire avoisinant la planète.

2° *Observation photographique.* — M. Angot se proposait de comparer entre eux le procédé du photohéliographe et celui que les astronomes américains avaient employé lors du dernier passage de Vénus, ainsi que les différentes sortes de collodion dont on se sert habituellement pour ces observations; il devait enfin étudier l'influence que peut avoir la durée de pose sur le résultat des mesures déduites des photographies obtenues pendant le passage.

M. Angot s'etait chargé directement du photohéliographe et avait confié l'appareil de Washington à M. Hoffmann, photographe à Ogden.

RÉSULTATS.

Observation directe. — L'état du ciel ne nous a point permis de réaliser en entier le programme que nous nous étions tracé. L'observation du contact interne de sortie nous étant seule possible, nous nous sommes limités à la partie la plus importante de ce programme, l'étude du *ligament noir*, dont la seconde partie est une conséquence théorique.

M. Hatt conserve entière l'ouverture de son équatorial : à 3 h. 14 m. 9 s., temps moyen d'Ogden, il aperçoit la première trace de *ligament*. C'est une simple traînée obscure réunissant le bord du Soleil et celui de la planète. Amenant alors en face de son œil une portion du verre noir gradué plus absorbante pour la lumière, il voit le *ligament* disparaître. Bientôt après le *ligament* réapparaît; M. Hatt le fait disparaître de nouveau par le même moyen, et ainsi de suite jusqu'au moment où les deux astres lui paraissent en contact géométrique, à 3 h. 14 m. 28 s.

M. André avait diaphragmé à quatre pouces l'ouverture de son équatorial.

A 3 h. 14 m. 5 s. il voit la première trace du *ligament :* au bout de quelques secondes il devient très-large et très-obscur et de dimensions sensiblement comparables à celles de la planète.

Enlevant le diaphragme, on voit le *ligament* se réduire de plus de moitié. Remettant alors le diaphragme et se servant ensuite du verre noir gradué, on fait disparaître complètement le *ligament noir*, et les deux astres paraissent alors très-nettement distants l'un de l'autre.

Ramenant le verre noir à la position primitive, on voit le *ligament* réapparaître très-large et très-intense : et de même une seconde fois.

M. André a noté le contact à 3 h. 14 m. 32 s.

Quant au contact externe de sortie, aucun phénomène particulier ne l'a accompagné et il s'est présenté à nous avec son apparence géométrique.

M. Hatt l'a noté à 3 h. 17 m. 25 s., et M. André à 3 h. 17 m. 18 s.

On n'a d'ailleurs rien observé de spécial, ni sur la planète ni sur les régions du disque solaire qui l'entouraient successivement.

Observations photographiques. — Un accident survenu pendant la tourmente de la veille à l'appareil de Washington a empêché de l'employer pendant les éclaircies de peu de durée. Aussi le nombre des photographies obtenues avec cet instrument est-il relativement restreint : On en a trente.

Avec le photohéliographe, au contraire, M. Angot a pu profiter de toutes les éclaircies, et le nombre des épreuves qu'il a pu prendre est de quarante-huit.

Les mesures que ces photographies exigent sont en cours d'exécution; leur examen fera l'objet d'un mémoire particulier.

CONCLUSIONS.

Il résulte des observations précédentes que le phénomène réel du passage de Mercure sur le disque solaire ne diffère pas sensiblement de celui que nous avions étudié artificiellement dans les caves de l'École normale. Le procédé expérimental qu'on avait alors employé reçoit ainsi sa consécration définitive, et les conclusions qu'on en a déduites doivent être considérées comme vérifiées.

Le *ligament noir* est donc bien un *phénomène de diffraction*, toujours sensible avec les ouvertures habituelles des instruments d'observation, si le pouvoir absorbant du verre noir employé est suffisamment faible; mais on peut le faire disparaître à volonté. Et, en employant le procédé simple et méthodique dont s'est servi M. Hatt, les observations d'un contact interne de sortie de Vénus, d'ailleurs beaucoup plus faciles que celles d'un contact analogue de Mercure, semblent devoir atteindre une approximation d'au moins *deux secondes de temps.*

Les données numériques de ces observations sont résumées dans le tableau suivant :

	TROISIÈME CONTACT.		QUATRIÈME CONTACT.
M. Hatt . . .	3 h. 14 m. 28 s.	M. Hatt . . .	3 h. 17 m. 25 s.
M. André . .	3 h. 14 m. 32 s.	M. André . .	3 h. 17 m. 18 s.

La position géographique de l'observatoire d'Ogden, telle qu'elle a été déterminée en 1877 par M. le lieutenant Wheeler, est donnée par les nombres suivants :

Latitude nord . . . . 41° 13' 8" 6.
Longitude ouest de Paris . . . 7 h. 37 m. 17 s., 5.

Extrait des Mémoires de l'Académie des Sciences, Belles-Lettres et Arts de Lyon,
(volume vingt-quatrième de la classe des Sciences).

www.ingramcontent.com/pod-product-compliance
Ingram Content Group UK Ltd.
Pitfield, Milton Keynes, MK11 3LW, UK
UKHW020232200726
13856UKWH00004B/1721